大风

刘波　任珂　李晨　编著

U0199779

气象出版社
China Meteorological Press

图书在版编目（CIP）数据

大风 / 刘波，任珂，李晨编著. -- 北京：气象出
版社，2019.1

（气象知识极简书 / 陈云峰主编）

ISBN 978-7-5029-5231-0

Ⅰ.①大… Ⅱ.①刘… ②任… ③李… Ⅲ.①大风灾
害 – 普及读物 Ⅳ.①P425.6-49

中国版本图书馆CIP数据核字（2018）第202183号

Dafeng

大风

出版发行：气象出版社

地　　址：北京市海淀区中关村南大街46号		**邮政编码**：100081	

电　　话：010-68407112（总编室）　010-68408042（发行部）

网　　址：http://www.qxcbs.com　　**E - m a i l**：qxcbs@cma.gov.cn

责任编辑：颜娇珑　　　　　　　　　　**终　　审**：张　斌

责任校对：王丽梅　　　　　　　　　　**责任技编**：赵相宁

封面设计：符　赋　　　　　　　　　　**审 图 号**：GS（2018）4728号

印　　刷：北京地大彩印有限公司

开　　本：710 mm×1000 mm　1/16　　　**印　　张**：2

字　　数：20千字

版　　次：2019年1月第1版　　　　　　**印　　次**：2019年1月第1次印刷

定　　价：10.00元

《气象知识极简书》丛书
编委会

前　言

　　变幻莫测的气象风云，每时每刻都影响着生活在地球上的生命，特别是很多常见的天气现象：高温热浪、暴雨（雪）、台风、寒潮、雷电、沙尘暴……它们的出现往往会给人类带来无穷的烦扰。在人类久远的历史长河中，它们是一股"神秘力量"，令古人见之生畏；而在科学如此发达的今天，虽然关于它们还有很多未知领域需要探究，但面对各类天气我们已经不再惧怕：它们的出现有迹可循，它们的类型有据可辨，它们并非一无是处，它们变得可以被防范、被利用。

　　《气象知识极简书》就是这样一套认识天气的入门级丛书，共8册。内容包括暴雨洪涝、台风、雷电、大风、沙尘暴、高温与干旱、暴雪、寒潮与霜冻共10种与我们生产、生活息息相关的天气类型。采取问答形式，设问有趣活泼，回答简短精干，配以生动的漫画解读读者感兴趣的基础性问题。针对每一种天气类型，不仅仅回答是什么、为什么、面对危险怎么办，还包括我们如何监测天气、如何利用天气等，在阐明气象知识的同时，尽量增加可读性、趣味性。

作为一套入门级气象科普丛书，它受众面较广，既适合作为中小学生的读物，也适合广大对气象科学抱有兴趣的成年读者。

　　以易懂的方式普及气象知识，以轻松的心态提升科学素养。开卷有益，气象万千！

编　者

目　录

什么是风？

就像小溪中的水不停流动一样，地球上的空气也是日夜不停流动的。气象学中将空气相对于地面的水平运动称为风。看不见抓不到的风同样具有大小和方向，可以用风速（或风力）和风向来表示。

风向是指风吹来的方向。例如，北风就是指空气自北向南流动。风向一般用 8 个方位表示，分别为：北、东北、东、东南、南、西南、西、西北。

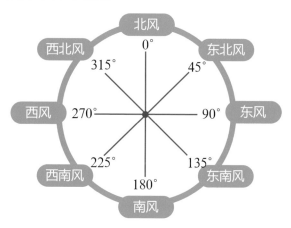

风是怎么产生的？

风的产生与气压有关。

我们的地球被厚厚的大气包围，地球有引力，大气跑不掉，大气之间便产生了压力。著名的马德堡半球实验证明了它强大的存在。

同一水平面上的气压分布并不均匀，有高有低，这样的情况就会产生一种力叫气压梯度力，它会驱使空气由高气压区流向低气压区，就像水往低处流一样。气压梯度力是形成风的直接原因。

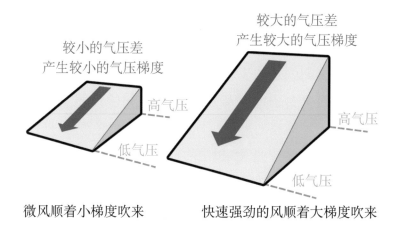

微风顺着小梯度吹来　　　　快速强劲的风顺着大梯度吹来

相风铜乌

在汉朝的长安宫南有一座叫灵台的建筑，有记载说，当时灵台上已经有用于观测风向的仪器了，因为做成了三足乌鸦的样子，所以叫"相风铜乌"。据传是由东汉的科学家张衡发明的。而欧洲屋顶上的用来观测风的候风鸡，到了 12 世纪才有记载，要比相风铜乌至少晚了 1000 年。

到了现代，我们的气象台站最常用的测风仪器是风杯风速计和风向标。看这仪器的名字，聪明的你就能知道，风速是由风杯风速计测定的，它的感应部分由 3 个或 4 个圆锥形或半球形的空杯组成，每个空杯的凹面都顺向一个方向，风杯旋转得越快说明风速越大。测定风向的任务当然就交给风向标了，它的箭头可不是打猎用的，而是用来指示风吹来的方向的。

风之塔

　　在希腊的雅典城，有一座有着 2000 年历史的风之塔。大理石的塔身是八棱柱形的，有 8 个面，每一面对着一个方位。8 个面上有 8 个形象、衣着、装饰各不同的男人浮雕像，代表八方风神。据说古希腊人会在这座塔里观测当地的风向风速和天气特征。

风杯风速计

多大的风才算是大风？

风力等级是根据标准气象观测场 10 米高度的风速大小来划分的。从 0 级到 17 级共分为 18 个等级。陆地和海面上的不同风力等级都能标示清楚。

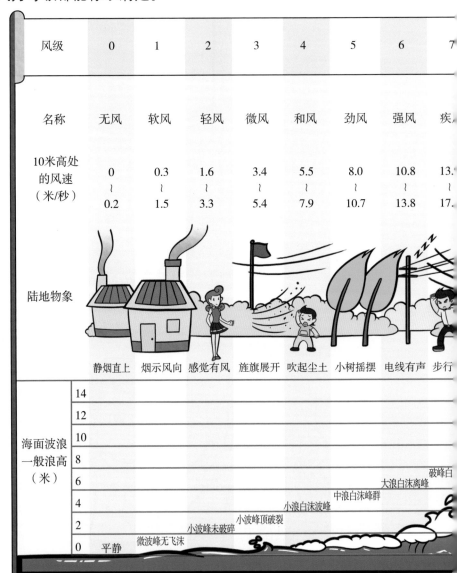

风级	0	1	2	3	4	5	6	7
名称	无风	软风	轻风	微风	和风	劲风	强风	疾风
10米高处的风速（米/秒）	0 ~ 0.2	0.3 ~ 1.5	1.6 ~ 3.3	3.4 ~ 5.4	5.5 ~ 7.9	8.0 ~ 10.7	10.8 ~ 13.8	13.9 ~ 17.1
陆地物象	静烟直上	烟示风向	感觉有风	旌旗展开	吹起尘土	小树摇摆	电线有声	步行

海面波浪
一般浪高
（米）

14		
12		
10		
8		破峰白
6		大浪白沫离峰
4	中浪白沫峰群	
	小浪白沫波峰	
2	小波峰顶破裂	
	小波峰未破碎	
0	平静　微波峰无飞沫	

你能找出令行人步行困难的、拔起树木的、损毁建筑物的各是几级风吗？

8	9	10	11	12	13	14	15	16	17
…风	烈风	狂风	暴风	飓风					
7.2 ~ 0.7	20.8 ~ 24.4	24.5 ~ 28.4	28.5 ~ 32.6	32.7 ~ 36.9	37.0 ~ 41.4	41.5 ~ 46.1	46.2 ~ 50.9	51.0 ~ 56.0	56.1 ~ 61.2

…树枝　小损房屋　拔起树木　损毁重大　损毁巨大

海浪滔天
波峰全呈飞沫
海浪翻滚咆哮
浪峰倒卷
…有浪花

什么样的情况会
产生大风？

冷空气

　　每到冷空气南下的时候，它的主力军冷气团就会拼命推动暖气团向南移动，大风自然就产生了。

产生大风的
天气系统

雷暴

　　雷暴产生在活动强烈的积雨云中，这种伴有雷电、阵雨的天气常常会伴有大风。

气旋

　　地球的大气中存在着各种大型的旋涡运动，就像江河里产生的旋涡一样。气旋的中心气压比四周低，风也因此产生。

龙卷风

　　有种破坏力极强的风暴，就像巨龙扭转着身子，从积雨云中伸下，它好似一个猛烈旋转的漏斗式吸尘器，席卷着路过的地面和水面上的一切。

飑线

　　飑线是由很多单体雷暴排列而成的一条狭长雷暴雨带。飑线经过的地方，风向急转，风速急剧增大，常令人防不胜防。

我国哪些地方最"风"狂?

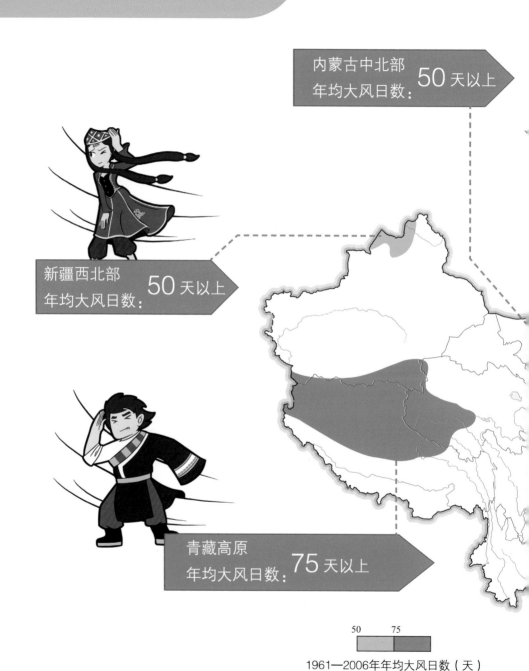

内蒙古中北部
年均大风日数：**50** 天以上

新疆西北部
年均大风日数：**50** 天以上

青藏高原
年均大风日数：**75** 天以上

50　75
1961—2006年年均大风日数（天）

我国大风的分布特征

　　我国大风的地理分布有明显的地域性。高海拔地区的年大风日数明显高于低海拔地区，中国的四大高原——青藏高原、内蒙古高原、黄土高原、云贵高原的大风日数多于平原地区；峡谷地带大风天气多；东南沿海地区的大风日数也不少。

　　此外，山地隘口及孤立山峰处也是大风多发区。

东南沿海及其岛屿年均大风日数：**50** 天以上

南海诸岛

台湾省资料暂缺

大风会带来哪些危害?

大风对农业的危害

大风会吹倒农作物，让花果凋落；同时还会加大蒸发量，使植物因为失水而枯萎。

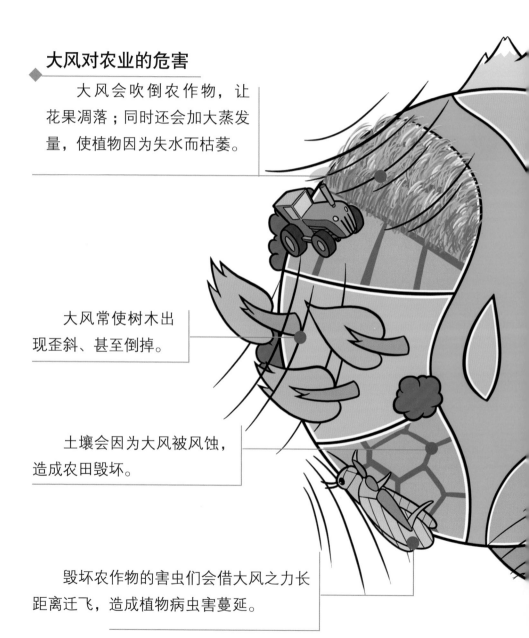

大风常使树木出现歪斜、甚至倒掉。

土壤会因为大风被风蚀，造成农田毁坏。

毁坏农作物的害虫们会借大风之力长距离迁飞，造成植物病虫害蔓延。

大风对畜牧业的危害

大风呼呼吹，草原上的畜群不能像平时一样安闲地吃草了，而且牧草会因为失水而干枯，产量变少，牛羊等牲畜也吃不饱，会影响生长发育。

如果大风连续刮，畜群的整体体质会下降，幼小柔弱的牲畜因为体温下降太快而拥挤取暖，有时候会因为过度挤压造成伤亡。

大风对人民生命财产和其他各行业的危害

大风经常会吹倒不牢固的建筑物、广告牌等，造成财产损失，人员伤亡。

大风对环境的危害

大风能加速土壤沙化，让半固定沙丘变得松动，让流动的沙丘前移，加速土地荒漠化。

达到什么标准会发布大风预警?

大风蓝色预警信号

24 小时内可能受大风影响,平均风力可达 6 级以上,或者阵风 7 级以上;或者已经受大风影响,平均风力为 6 ~ 7 级,或者阵风 7 ~ 8 级并可能持续。

大风黄色预警信号

12 小时内可能受大风影响,平均风力可达 8 级以上,或者阵风 9 级以上;或者已经受大风影响,平均风力为 8 ~ 9 级,或者阵风 9 ~ 10 级并可能持续。

大风预警信号分四级，分别以蓝色、黄色、橙色、红色表示。

大风橙色预警信号

6小时内可能受大风影响，平均风力可达10级以上，或者阵风11级以上；或者已经受大风影响，平均风力为10～11级，或者阵风11～12级并可能持续。

大风红色预警信号

6小时内可能受大风影响，平均风力可达12级以上，或者阵风13级以上；或者已经受大风影响，平均风力为12级以上，或者阵风13级以上并可能持续。

大风天怎么保证安全？

要尽量减少外出。在房间里，要关好窗户，可以在窗户玻璃上贴上"米"字形胶布，防止玻璃破碎。刮风的时候远离窗口，可以避免裹着沙粒石头的强风击破玻璃伤人。

哎呀！风吹进来啦！

赶紧关好窗户，粘上胶布。

风这么大，骑车好危险！

尽量不要在大风天气中骑车。骑行过程中若遇大风，不要侧面对着风刮来的方向，以免被大风刮倒受伤。

广告牌要倒了，快离开。

不要在广告牌、临时搭建物或树下面逗留、避风。

如果风太大，应把车开到地下停车场等隐蔽处避风，暂时不上路。

护目镜、口罩、纱巾等防尘用品是大风天的必备，可以避免沙尘对眼睛和呼吸道系统造成损伤。

风雨交加时出门要尽量穿雨衣，雨伞兜风易被吹翻，甚至带倒行人，非常危险。

在公共场所，如果突遇大风，需要向指定地点疏散。

如果大风到来的时候，我们住在帐篷里，要立刻收起帐篷到坚固结实的房屋中避风。

如果在水面作业或游泳，应立刻上岸避风；船舶要听从指挥，回港避风，帆船应尽早放下船帆。

遭遇大风天气，住在危房的居民要尽早搬出，转到安全的避风场所避风。

风的好处有哪些？

调节气候

流动的风，可以调节空气的温度和湿度，还能把云和雨送到遥远的地方，完善地球上的水分循环。

净化环境

风有利于吹散空气中的污染物，对净化空气和消除雾、霾起到积极作用。

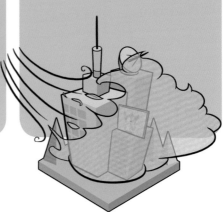

清洁能源

风产生的能源分布广泛，没有污染，还用不完。建立风力发电站可以合理利用风能资源，既保护环境，又省时省力。

农业帮手

适度的风对改善农田环境是有益的。风会让空气中的二氧化碳、氧气、热量等进行输送和交换，为农作物的生长创造条件。植物的授粉和种子的传播也离不开风的作用。

我国的风能资源丰富吗?

"三北"地区风能丰富带

包括东北三省、河北、内蒙古、甘肃、青海、西藏和新疆等省(自治区),可开发利用的风能储量约2亿千瓦,约占全国可利用储量的79%。

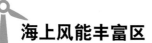

海上风能丰富区

我国海上风能资源丰富,10米高度可利用的风能资源约7亿多千瓦。一般估计海上风速比平原沿岸高20%,发电量会增加70%。

内陆局部风能丰富区

内陆一些地区受湖泊和特殊地形影响,风能较丰富,如鄱阳湖附近,湖南衡山、河南嵩山、山西五台山、安徽黄山等风能比周围地区大。

东南沿海地区风能丰富带

冬春季的冷空气、夏秋季的台风,都能影响到东南沿海及其岛屿,这里也是我国风能的丰富区。

南海诸岛